BEI GRIN MACHT SICH IHR WISSEN BEZAHLT

- Wir veröffentlichen Ihre Hausarbeit,
  Bachelor- und Masterarbeit

- Ihr eigenes eBook und Buch -
  weltweit in allen wichtigen Shops

- Verdienen Sie an jedem Verkauf

Jetzt bei www.GRIN.com hochladen
und kostenlos publizieren

Teslas Marktzutritt als reiner Elektroautomobilhersteller zum Automobilmarkt

Pascal Eifert

Bibliografische Information der Deutschen Nationalbibliothek:

Die Deutsche Nationalbibliothek verzeichnet diese Publikation in der Deutschen Nationalbibliografie; detaillierte bibliografische Daten sind im Internet über http://dnb.d-nb.de abrufbar.

ISBN: 9783346632135
Dieses Buch ist auch als E-Book erhältlich.

Hausarbeit

Teslas Marktzutritt als reiner Elektroauto-mobilhersteller zum Automobilmarkt

vorgelegt am: 30.11.2021

von: Eifert, Pascal

Studiengang: Master General Management

Seminargruppe: 20GMM

Studienmodul: Innovations- und Technologiemanagement

Inhaltsverzeichnis

Abkürzungsverzeichnis

BEV   batterieelektrisches Fahrzeug

CEO   Vorstandsvorsitzender

CO_2 Kohlenstoffdioxid

EU   Europäische Union

FSD   full self-driving computer - zentrales Steuergerät eines Tesla

HEV   Hybrid-Elektrofahrzeug

MW   Megawatt

PHEV   Plug-In-Hybrid-Elektrofahrzeug

PKW   Personenkraftwagen

PV   Photovoltaik

USA   Vereinigte Staaten von Amerika

1   Einleitung

Das Schlagwort „Elektromobilität" ist seit Jahren in aller Munde und sogar im Koalitionsvertrag der neuen Ampelregierung aus dem November 2021 steht, dass Deutschland zum Leitmarkt für Elektromobilität und Innovationsstandort für autonomes Fahren gemacht werden soll. (Vgl. SPD et al. 2021, 27) Allerdings denken viele Menschen bei „Elektromobilität" und „autonomes Fahren" nicht zuerst an Deutschland, sondern an bestimmte Automobilhersteller, allen voran Tesla. Das im Silicon Valley gegründete Unternehmen steht vielleicht, wie kein anderes unserer Zeit, für Innovation, Verrücktheit, neue Denkmuster und einen Kampf „David gegen Goliath" - kleines Elektroauto-Start-up gegen weltweit agierende, finanzstarke Automobilfirmen. Aber Tesla ist mehr als ein reiner Autoproduzent und spielt deshalb in einem Feld zwischen herkömmlichen Automobilherstellern und IT-Konzernen wie Apple oder Google. Viele versuchen Tesla zu kopieren, in Technik, Design oder auch Strategie. Letzterer Ansatz soll als Forschungsfrage für diese Arbeit dienen: Was waren Tesla Strategien zum Markteintritt und zur Marktdurchdringung als Start-up und reiner Elektroautohersteller im Automobilmarkt? Diese soll mithilfe der Analyse von einschlägiger Literatur und der Übertragung von Strategiekonzepten, wie dem „Outpacing" oder dem „Strategischen Spielbrett", betrachtet werden.

In der vorliegenden Arbeit werden zunächst der Automobilmarkt allgemein und insbesondere der Teilmarkt für Elektroautomobile im Zeitraum von 2008 bis 2021 betrachtet, sowie damalige und bestehende Markteintrittsbarrieren aufgezeigt. Hierbei wird insbesondere auf die Märkte in den USA, Europa und Deutschland, sowie China, eingegangen. Anschließend werden kurz die Entstehung Teslas, sowie ausführlicher die Strategien beim Markteintritt, der Markteinführung und Marktdurchdringung analysiert. Es wird auf die einzelnen Geschäftsfelder Teslas innerhalb der Gesamtunternehmensstrategie eingegangen und Gründe herausgearbeitet, wie es das Unternehmen in weniger als 15 Jahren geschafft hat, zum nach Marktkapitalisierung wertvollsten Automobilhersteller der Welt zu werden. (Vgl. Statista 2021e, 57) Zum Schluss wird ein Fazit gezogen und ein Ausblick gegeben, wie Teslas Perspektiven in Zukunft aussehen könnten. Die Arbeit beinhaltet weder die theoretisch möglichen, negativen Auswirkungen der Strategieumsetzung Teslas der vergangenen 15 Jahre, noch allgemeine Kritik an deren Geschäftsmodell, sondern soll nur den erfolgreichen Einstieg Teslas als reiner Elektroautomobilhersteller in den Automobilmarkt darstellen.

2 Der Automobilmarkt

2.1 Allgemeines zum Markt

Der Markt für Elektrofahrzeuge ist ein Teilmarkt des gesamten Automobilmarktes. Die ersten Elektrofahrzeuge gab es schon 1888. Bis zum Anfang des 20. Jahrhunderts konnten sie in den Vereinigten Staaten einen Gesamtmarktanteil von 40% einnehmen. Probleme, wie eine geringe Reichweite, niedrige Höchstgeschwindigkeiten oder Batterieprobleme führten dazu, dass sich der Elektromotor gegenüber den Verbrennungsmotoren nicht behaupten konnte. Erst nach der Ölkrise und auch aufgrund von politisch-ökologischen Forderungen bekam das Thema der Elektromobilität in den 1990er-Jahren wieder mehr Aufmerksamkeit. (Vgl. Strathmann 2019, 21) Als erstes „professionelles" Elektroauto kann man General Motors' EV1 sehen, welches 1996 auf den Markt kam, es aber nicht über den Zustand einer Kleinserie hinausschaffte. Erst nach der Markteinführung der ersten „modernen" Elektroautos, dem Tesla Roadster im Jahr 2008 sowie dem Mitsubishi i-Miev und dem Nissan Leaf im Jahr 2010, begann der Aufstieg der Elektroautos aus ihrer Nische in Richtung des Massenmarktes. (Vgl. Clausen und Olteanu 2020, 12-13) Innerhalb des Marktes für Elektrofahrzeuge spricht man heute von drei verschiedenen Segmenten: den Hybrid-Elektrofahrzeugen (HEVs), den Plug-In-Hybrid-Elektrofahrzeugen (PHEVs) und den batterieelektrischen Fahrzeugen (BEVs). Bei den HEVs werden die Elektromotoren des Fahrzeugs durch elektrischen Strom angetrieben, der erst im Fahrzeug generiert wird. Die PHEVs besitzen sowohl einen Elektromotor, angetrieben durch eine Batterie, als auch einen Verbrennungsmotor zur Reichweitenerhöhung. Lediglich die BEVs nutzen nur einen Elektromotor, der durch Batteriepacks gespeist wird. (Vgl. Hettich und Müller-Stewens 2017, 762) Die kumulierte Anzahl an weltweiten, jährlichen Neuzulassungen stieg innerhalb der letzten Jahre von 127.880 im Jahr 2012 auf 3.183.010 im Jahr 2020. (Vgl. Statista 2021d) Somit erhöhte sich die absolute Anzahl an Elektroautos weltweit von 205.380 im Jahr 2012 auf 10.907.150 im Jahr 2020. (Vgl. Statista 2021d, 2) Der relative Anteil an Neuzulassungen ist im Gegensatz zu den Autos mit Verbrennungsmotoren immer noch gering, da z. B. im Jahr 2020 in der EU 46,8% der neuzugelassenen PKWs einen Benzinmotor und 37% einen Dieselmotor hatten, wohingegen HEVs einen Anteil von 4,3%, PHEVs einen Anteil von 4% und BEVs einen Anteil von 5,7% verzeichnen konnten. (Vgl. Statista 2021d, 22) Einen nicht zu kleinen Anteil am größer werdenden Erfolg der Elektroautomobile kann man dem Unternehmens Tesla zuschreiben, was in Abschnitt 3 näher erläutert wird.

2.2 Markteintrittsbarrieren

Im Automobilmarkt allgemein, wie auch im Markt für Elektroautomobile, sind neue Anwärter auf einen Markteintritt mit hohen Eintrittsbarrieren konfrontiert. Die relevanteste dabei ist die Skalierung. (Vgl. Hettich 2020b) Die größten Autohersteller der Welt, gemessen an den Absatzzahlen, sind Toyota mit 9,53 Mio. und Volkswagen mit 9,16 Mio. abgesetzten Fahrzeugen pro Jahr. (Vgl. Statista 2021f, 38) Diese Automobilkonzerne können z. B. auf jahrzehntelange Erfahrungen, finanzielle Ressourcen, große Zulieferernetzwerke, Kenntnisse in der Großserienproduktion, Umgang mit Krisen, feste Kundenstämme und etablierte Produktions- und Vertriebsmodelle zugreifen bzw. vertrauen. Des Weiteren hat man bei jeder neuen Technologie, wie auch hier bei der Einführung von Elektroautos, am Anfang hohe Stückkosten, bevor diese optimiert werden können. (Vgl. Musk 2006) Nicht zu vernachlässigen sind auch die technischen Herausforderungen, wie z. B. die durch die Batteriekapazitäten beschränkte Reichweite von Elektroautos, die Ladedauer der Batterien und damit einhergehend auch die Ladeinfrastruktur, höhere Materialpreise im Bezug zu herkömmlichen Verbrennern, aber auch wirtschaftliche Faktoren, wie die Verbrauchskosten oder die Unsicherheit der Restwerte von Elektrofahrzeugen. (Vgl. Dudenhöffer 2015, 115-143) Im Folgenden sollen der Automobilmarkt in den USA, als Einstiegsmarkt für Tesla, und der Automobilmarkt in Europa und im Speziellen in Deutschland, als großer, lokaler Bezugspunkt, sowie China, als Markt mit Wachstumspotenzial, betrachtet werden.

2.3 Der Markt in den USA

Der US-Markt baut auf einer Mobilitätsstruktur auf, die aufgrund der großen Entfernungen das Auto im Prinzip als alleiniges Transportmittel hat. Die Menschen sind auf das Auto angewiesen und es wird immer noch als persönliche Sicherheitszone und Statussymbol betrachtet. Die USA haben eigene Ölreserven und ein gut entwickeltes Tankstellennetz. Das Stromnetz ist ebenfalls gut ausgebaut, was als eine Grundlage für den Elektroautomarkt notwendig ist. Die Automobilindustrie ist ein großer Wirtschaftszweig und Firmen wie GM, Chrysler, aber auch Tesla, werden stark gefördert, z. B. mit Krediten. Weitere politische Einflussfaktoren waren bzw. sind die für 2020 beschlossene Absenkung von Flottenemissionen und die Förderung des Kaufs von BEVs im vierstelligen Dollarbereich. (Vgl. Lienkamp 2016, 33-34) Schon im Jahr 2013 bemerkte Elon Musk im Firmenbericht von Tesla, dass weniger als 1% der in den USA verkauften Fahrzeuge Elektrofahrzeuge sind und es somit eine riesige, ungenutzte Nachfrage gibt. (Vgl. Hettich und Müller-Stewens 2017, 764) Die Anzahl an verkauften Neuwagen lag zwischen 2005 und 2020 immer zwischen 10 und 18 Millionen Exemplaren pro Jahr, wobei die Ausreiser nach unten in den Krisen- und Nachkrisenjahren 2008 bis 2011 zu finden sind. (Vgl. Statista 2021c) Dabei stieg die absolute Anzahl von verkauften Elektroautos von 1.190

Exemplaren im Jahr 2010 auf 361.310 im Jahr 2018 an. Lediglich für das Jahr 2019 ist wieder ein, vermutlich corona- und chipkrisenbedingter, Rückgang auf 326.620 Autos zu verzeichnen. (Vgl. Statista 2021d, 35) Damit lag der kumulierte Anteil an BEVs und PHEVs im Vergleich zu allen anderen Antriebsarten im Jahr 2019 bei knapp unter 2%.

2.4   Der Markt in Europa und Deutschland

Die europäische Gesellschaft ist hochentwickelt mit einem starken Bedürfnis nach Mobilität und Zeitoptimierung. Dieses Bedürfnis wird durch den Besitz eines Autos gut befriedigt, allerdings wird dessen Stellenwert in den kommenden Jahren abnehmen, da durchaus Werte wie Nachhaltigkeit und ökologisches Bewusstsein eine immer stärkere Bedeutung gewinnen. Da Europa nicht über eigene, größere Erdölressourcen verfügt, Strom aber sowohl durch Kohle, als auch perspektivisch durch erneuerbare Energien, erzeugen kann, kann der Ausbau der Elektromobilität zu einer stärkeren Importunabhängigkeit führen. Tankstellen- und Stromnetz sind sehr gut entwickelt, letzteres wird allerdings durch den starken Ausbau der erneuerbaren Energien immer instabiler. Nachdem mit Renault schon früh ein europäischer Hersteller in den Elektroautomobilmarkt eingestiegen ist, haben auch die deutschen Hersteller mit einigem Abstand nachgezogen, nicht zuletzt aufgrund des Dieselskandals und Teslas Erfolgen. Aus politischem Interesse, vor allem zur Reduzierung der CO_2-Emisionen, wird in vielen europäischen Ländern die Anschaffung von BEVs mit vierstelligen Geldbeträgen gefördert und auch die Ladeinfrastruktur soll staatlich ausgebaut werden. (Vgl. Lienkamp 2016, 29-30) Der Absatz an Automobilen in der EU bewegte sich im Zeitraum von 2005 bis 2019 jährlich zwischen ca. zwölf und 15 Millionen Exemplaren. Durch die Coronakrise gab es im Jahr 2020 einen Einbruch auf 9,9 Millionen. (Vgl. Statista 2021b) Der Anteil von BEVs und PHEVs am Absatz lag im Vergleich zu allen anderen Antriebsarten im Jahr 2019 bei knapp unter 9,7%. (Vgl. Statista 2021d, 22) Deutschland ist mit Abstand der absatzstärkste Automobilmarkt innerhalb der EU. Im Jahr 2019 wurden 3,61 Millionen und im Jahr 2020 2,92 Millionen Fahrzeuge verkauft. (Vgl. Statista 2021f, 33) Dabei erhöhte sich die absolute Zahl der verkauften BEVs und PHEVs von 108.839 Exemplaren auf 394.943 pro Jahr, was einen Anstieg von 3,0% auf 13,5% bedeutet. (Vgl. Statista 2021d, 24)

2.5   Der Markt in China

Die eben betrachteten Märkte in den USA und in Europa, aber z. B. auch in Japan, sind gesättigte Märkte, da sich in diesen die Fahrzeugdichte zwischen 424 und 477 Autos pro 1.000 Einwohner beläuft. China zählt, wie auch der indische, südostasiatische und afrikanische Markt, zu den Wachstumsmärkten. In China kommen auf 1.000 Einwohner lediglich 32 Autos. Die Prognosen, was Neuwagenkäufe betrifft, sind hoch und die chinesische Regierung forciert die Erhöhung der inländischen Elektromobilitätsquote. China fördert fast ausschließlich einheimische Marken. Ausländische Unternehmen dürfen keinen eigenständigen Verkauf betreiben und sind über Joint Ventures im Markt. (Vgl. Dudenhöffer 2015, 21-22) Der Bedarf nach Mobilität und damit auch nach Automobilen ist riesig, kollidiert allerdings mit Problemen einer ohnehin schon hohen Luftverschmutzung und hohen Stauzeiten aufgrund der Masse an Menschen und Autos. Da China fast kein Erdöl besitzt, aber durch große Kohlevorkommen günstig Strom erzeugen kann, ist Strom dort der Energieträger der Gegenwart und Zukunft. Die jahrzehntelangen Versuche Chinas in der Automobilindustrie Fuß zu fassen, wurden immer stark durch das Fehlen von Kernkompetenzen, wie z. B. bei Verbrennungsmotoren, Fahrzeugelektronik, Fertigung usw. behindert. Die Elektromobilität wurde als weiterer Einstiegspunkt in den gesamten Automobilmarkt gesehen. Der Aufbau einer starken, lokalen Batterieproduktion und das Fördern der eigenen, chinesischen Elektroautohersteller und deren Fabrikaten sind unverkennbare Folgen dieser Erkenntnis. (Vgl. Lienkamp 2016, 36-38) Absatztechnisch ist der chinesische Automarkt jetzt schon der größte der Welt. Lag der Verkauf von PKW im Jahr 2008 noch bei 6,8 Millionen Exemplaren, wurde die Spitze im Jahr 2017 mit 24,7 Millionen erreicht. Seitdem hat sich der Absatz bei etwa 20 Millionen Einheiten eingependelt. (Vgl. Statista 2021a) Der Absatz an BEVs und PHEVs pro Jahr hat sich von 17.320 verkauften Einheiten im Jahr 2013 bis auf 1.256.000 Einheiten im Jahr 2018 versiebzigfacht und ist von da an bis 2020, und auch trotz der Coronakrise, konstant geblieben. (Vgl. Statista, 3)

3 Teslas Strategien

3.1 Allgemeines zu Tesla

Die Firma Tesla wurde 2003 in Kalifornien von Martin Eberhard und Marc Tarpenning, damals noch unter dem Namen Tesla Motors Inc., gegründet. Ein Jahr später stieg Elon Musk als Investor in das Unternehmen ein und ist auch seit 2008 alleiniger CEO. Das erste Auto von Tesla sollte ein vollelektrischer Sportwagen werden, dessen Prototyp 2006 vorgestellt wurde: der Tesla Roadster. Von diesem wurden ab 2008 wenige hundert Exemplare verkauft, aber zu Preisen, die mit 140.000 Dollar weit über den erwarteten 65.000 Dollar lagen. Das Unternehmen war aufgrund der hohen Kosten am Rand der Insolvenz, konnte aber seine vorerst kurzfristige Finanzierung Ende 2008 sicherstellen. Von da an begann ein kometenhafter Aufstieg. Im März 2009 wurde das Model S, eine viertürige Limousine, vorgestellt (Vgl. Hettich und Müller-Stewens 2017, 759-760) und im Jahr 2010 kamen die ersten Konkurrenten auf dem Elektroautomarkt hinzu: der Chevy Volt und der Nissan Leaf. Beide waren Autos mit geringerer Reichweite, dahingegen aber günstiger und eher massenmarktfähig. (Vgl. Clausen und Olteanu 2020, 20) Das Model S wurde ab 2012 ausgeliefert, seit 2015 ist das Model X, ein SUV, Teil der Produktpallette und seit 2017 auch das Einstiegsmodell Model 3. (Vgl. Hettich und Müller-Stewens 2017, 761) Im Zeitraum zwischen 2004 und 2021 bekam Tesla einige Darlehen, es gab zahlreiche Investoren, Beteiligungen durch andere Firmen, wie z. B. Daimler, Zusammenarbeiten, wie z. B. mit Toyota, und Beteiligungen an anderen Firmen, wie z. B. Solar City, Grohmann Engineering, Maxwell Tech. oder Deepscale. Spätestens seit dem Börsengang 2010 finanziert sich Tesla über den internationalen Kapitalmarkt, für die Zeit davor kann man die Finanzierung Teslas als „ein Projekt des Silicon Valley" bezeichnen. Seit dem 1. Juli 2020 ist Tesla nach Marktkapitalisierung der wertvollste Autobauer der Welt, da das Unternehmen mit einer Bewertung von 206 Milliarden Dollar Toyota mit 202 Milliarden Dollar überholte. (Vgl. Clausen und Olteanu 2020, 21-23) Mittlerweile sind nach der Coronakrise die Marktkapitalisierungen zurück gegangen, allerdings führt Tesla die Liste der Automobilhersteller immer noch mit 185 Milliarden Dollar vor Toyota mit 176 Milliarden Dollar und Volkswagen mit 77 Milliarden Dollar an. Im Jahr 2020 hat Tesla weltweit einen Umsatz von 31,5 Milliarden Dollar erzielt, 500.000 Elektroautos verkauft und das erste Mal in der Unternehmensgeschichte ein positives Nettoergebnis mit einem Gewinn von 721 Millionen Dollar erreicht. (Vgl. Statista 2021e, 2,4,16,57)

3.2   Teslas Strategie zur Markteinführung

Um Teslas Strategie wird hin und wieder ein Mysterium gebildet, unter der Fragestellung, wie es ein reiner Elektroautohersteller mit wenig Kapital schaffen konnte, im schwierigen Automobilmarkt erfolgreich einzusteigen und zu agieren. Die Antwort ist recht einfach, da sie schon 2006 von Elon Musk in einem Blogeintrag formuliert wurde: *„Almost any new technology initially has high unit cost before it can be optimized and this is no less true for electric cars. The strategy of Tesla is to enter at the high end of the market, where customers are prepared to pay a premium, and then drive down market as fast as possible to higher unit volume and lower prices with each successive model. Without giving away too much, I can say that the second model will be a sporty four door family car at roughly half the $89k price point of the Tesla Roadster and the third model will be even more affordable. In keeping with a fast growing technology company, all free cash flow is plowed back into R&D to drive down the costs and bring the follow on products to market as fast as possible."* (Musk 2006) Man kann hier klar eine Outpacing-Strategie erkennen. Dabei kommt es zu einer Kombination der beiden Strategien „Kostenführerschaft" und „Differenzierung", mit dem langfristigen Ziel, gleichzeitig Kosten- und Qualitätsführer zu werden. Der Wechsel zum richtigen Zeitpunkt ist dabei essenziell wichtig. Tesla stieg mit dem Roadster ohne Differenzierung und mit niedriger Kosteneffizienz in den Markt ein. Anschließend wurde über das Model S und das Model X differenziert, um einen Ausbau der Qualitätsführerschaft zu erreichen. Danach wurde die Strategie gewechselt, mit Einführung von Model 3 und Model Y die Kosten gesenkt und damit eine höhere Kosteneffizienz erreicht. Die Kostenreduzierungen wurden vor allem durch Innovationen bei der Produktion, z. B. den Batterien, beim Einsatz von Werkzeugen oder der Verringerung der Einzelbauteile erreicht. (Vgl. Amling 2021, 1059,1068) Weitere Aspekte der Strategie zur Marktdurchdringung werden im nächsten Kapitel erläutert. Als weitere Betrachtungsweise der Einstiegsstrategie Teslas kann man das „Strategische Spielbrett", entwickelt durch die Beratungsfirma McKinsey, heranziehen (Abbildung 1).

Abbildung 1: Strategisches Spielbrett
Quelle: nach Gabler Wirtschaftslexikon (2018). Strategisches Spielbrett. o.A. o.O. Online verfügbar unter:
www.wirtschaftslexikon.gabler.de/definition/strategisches-spielbrett-45702/version-268991

Tesla lässt sich hier bei den New-Game-Strategien einordnen, da das Ziel des Unternehmens war und ist, im Gesamtmarkt für Automobile zu konkurrieren und im Zusammenspiel mit neuen Regeln die Grundlagen des Wettbewerbs zu ändern. (Vgl. Amling 2021, 838-841) Dies sieht man auch daran, dass sich Automobilhersteller normalerweise strategischen Gruppen zuordnen lassen, die auf ähnliche Strategien bauen. Es gibt die Kostenführer, wie z. B. Hyundai und Suzuki oder die Premiummarken, wie Porsche oder BMW. Tesla lässt sich hier unmöglich einordnen. Durch die Umbenennung von Tesla Motors zu Tesla und massiven Investitionen in Bereichen weit weg von der direkten Automobilindustrie, wie Energieerzeugung mittels Solartechnik und Energiespeicherung, hat Tesla klar gemacht, dass es sich abseits des strategischen, traditionellen Automobilmarktes bewegen wird. (Vgl. Hettich 2020b) Im Folgenden sollen noch drei weitere Aspekte zum Markteintritt Teslas betrachtet werden, die sich nur indirekt in der Strategieausrichtung wiederfinden, aber grundlegend für Teslas Erfolg sind. Als Erstes eine ganze Reihe an Faktoren, die die Entwicklung begünstigt haben. Die beinahe idealen Umgebungsbedingungen im Silicon Valley, zum einen begründet auf viel Kapital, dass sich in Folge des Dotcom-Booms bei einigen wenigen, IT-begeisterten Gründern angesammelt hatte, zum anderen das ohnehin technologie- und innovationsfreundliche Kalifornien weit weg vom altbackenden Automobilstandort Detroit, der nicht einmal an die Möglichkeit des Erfolgs von Elektroautos dachte. Ein Unternehmen zu unterstützen, was als langfristige Vision hat, ein reines Elektroauto für den Massenmarkt zu entwickeln, wurde von vielen einflussreichen Innovatoren im Silicon Valley, sowohl durch Vorbestellungen, Vertrauen, als auch durch Expertise, forciert. Die große IT-Affinität der Gründer zeigte sich auch schon früh im hohen Digitalisierungsgrad von Tesla, der zwischenzeitlich ein Alleinstellungsmerkmal von deren Autos war und erst nach und nach bei den herkömmlichen Herstellern Einzug hält. (Vgl. Clausen und Olteanu 2020, 19-20) Man darf auch die Person Elon Musk nicht als wichtigen Einflussfaktor für den Erfolg von Tesla vergessen. Ohne den Visionär, der Unternehmertum und Risikobereitschaft in einer Person verkörpert, wäre Tesla nicht das, was es heute ist - eventuell gar nicht mehr existent. Dank ihm denkt man bei Tesla nicht kurzfristig in Quartalen oder Geschäftsjahren, sondern fokussiert sich auf „Innovationskapital", um Investoren langfristig zu gewinnen. (Vgl. Hettich 2020a) Als Zweites die Innovationen, die Tesla gleichermaßen bekannt und stark gemacht haben. Hier muss man die hohe Reichweite der Autos nennen, die sowohl auf den Einsatz von Hochenergie-Lithium-Ionen-Rundzellen als auch deren patentierter Verbindungstechnik zurückzuführen ist. Weiterhin die enorm große Batterie, um die elektrische Energie zu speichern, welche mit einem selbst entwickelten, intelligenten Batteriemanagementsystem ausgestattet ist, das sich „over the air" updaten lässt. Auch der weiterentwickelte Antriebsstrang, mit dem hohe Beschleunigungswerte erzielt werden können, kann als innovativ betrachtet werden. (Vgl. Lienkamp 2016, 56-57) Die größte Innovation ist allerdings der FSD - „full self-driving computer" - das zentrale Steuergerät eines jeden Tesla, mit unglaublich hoher Rechenleistung bei geringem Stromverbrauch. Wo alle anderen Autohersteller hunderte an Chips pro Fahrzeug verbaut haben, werden beim amerikanischen Innovator alle Funktionen des Autos: Sensorik, Aktorik, Infotainmentsystem usw., über die eine zentrale Einheit gesteuert. (Vgl. Clausen und Olteanu 2020, 29) Als dritter, wichtiger Punkt soll angeführt werden, dass sich Tesla schon früh auf mögliche, strategische Engpassfaktoren konzentriert hat. Dazu zählen die schon erwähnte Fahrzeughard- und -software und die Antriebsbatterie, was alles selbst entwickelt wurde und auch größtenteils eigenständig ohne Zulieferer produziert wird. Dazu kommt noch die Schaffung einer eigenen Ladeinfrastruktur, welche auch im folgenden Abschnitt näher betrachtet werden soll. (Vgl. Hettich 2020b)

3.3 Teslas Strategie zur Marktdurchdringung

Nachdem Tesla den Einstieg in den Automobilmarkt über den Roadster und Model S und X geschafft hatte, musste die Strategie erweitert werden. Eines der größten Probleme der Elektromobilität war es, das Problem zu lösen, dass die Batterien nur langsam zu laden sind. Tesla schaffte dies auf zweigleisige Art und Weise: für das Laden zuhause wurde schon früh die Idee umgesetzt, für Hausbesitzer die Möglichkeit zu schaffen, über eine eigene PV-Anlage Strom zu erzeugen und diesen auch in eigenen „Wallboxen" speichern, um damit zuhause Elektroautos mit erneuerbarer Energie laden zu können. Die PV-Anlagen sind auch keine herkömmlichen, sondern von der durch Tesla aufgekauften Firma SolarCity entwickelte Dachziegel mit PV-Funktion. (Vgl. Jakowez und Sawentschuk 2018) Im Jahr 2015 war SolarCity mit 512 MW der drittgrößte Hersteller von PV-Anlagen in den USA. (Vgl. Wolfenstein 2020) Für das Laden unterwegs begann Tesla ab 2012 ein stetig wachsendes Netz an Superchargern zu etablieren. Als Käufer bekam man so zum Autokauf im Prinzip ein Mobilitätsversprechen dazu und darüber hinaus waren die Ladesäulen technisch so weit entwickelt, dass Ladeleistungen in Höhe des fünf- bis zehnfachen im Vergleich zu anderen Herstellern möglich waren. Die Strategie war also, eine elektrische und damit nachhaltige Mobilitätslösung bereitzustellen und gleichzeitig die Infrastruktur zum Laden verfügbar zu machen. (Vgl. Clausen und Olteanu 2020, 26) Als zweites Standbein wurde der rein digitale Vertrieb mit nicht-traditionellem Direktverkauf weiter ausgebaut, um den „Erlebniseffekt" noch stärker in den Vordergrund zu stellen. Die firmeneigenen Geschäfte sind so konzipiert, dass sie ohne viel Inventar, wie einem Fuhrpark, nur informativ und damit angenehm sind und die Händler sind eher Produktspezialisten, die dem Kunden das Auto erklären, und nicht nur verkaufen wollen. (Vgl. Hettich und Müller-Stewens 2017, 769) Auch die im vergangenen Abschnitt genannte Outpacing-Strategie war mit Einführung des Model 3 von Erfolg gekrönt, da dieses mittlerweile mit mehr als 360.000 Exemplaren pro Jahr mit weitem Vorsprung das am meisten verkaufte Elektroauto der Welt ist. (Vgl. Statista 2021d, 15) Eine der größten Einnahmequellen von Tesla war und ist der Zertifikatsverkauf an konkurrierende Unternehmen, da jeder Automobilkonzern eine gewisse Quote an verkauften Elektroautos nachweisen muss, um CO_2-Flottengrenzwerte zu erfüllen, wodurch Tesla allein im Jahr 2020 noch rund 1,6 Milliarden Dollar eingenommen hat. (Vgl. Unseld 2021) Musks „Masterplan" zum Markteinstieg und zur Marktdurchdringung aus dem Jahr 2006 war zusammengefasst mit:

"So, in short, the master plan is:

1. *Build sports car*
2. *Use that money to build an affordable car*
3. *Use that money to build an even more affordable car*
4. *While doing above, also provide zero emission electric power generation options"*
   (Musk 2006)

Der Erfolg dieser Strategie, welche im Jahr 2016 noch einmal erweitert werden sollte, ist unverkennbar vorhanden.

3.4 Aktuelle und zukünftige Strategien von Tesla

Im Jahr 2016 veröffentlichte Elon Musk einen weiteren Strategiepost, in dem er den Erfolg der vergangenen zehn Jahre resümiert und weitere vier Punkte für die Zukunft von Tesla aufzeigt:

1. Integration von Energieerzeugung und -speicherung
2. Erweiterung der Produktpalette, um die wichtigsten Bereiche des terrestrischen Verkehrs abzudecken
3. Autonomes Fahren
4. Erweitertes Carsharing

Als erster Punkt die noch stärkere Verknüpfung zwischen Energieerzeugung, Energiespeicherung und Energieverbrauchern, begünstigt durch den Zusammenschluss mit SolarCity und dem Ausbau von Batteriefertigungskapazitäten. Als zweiter Punkt die stetige Erweiterung der Produktpalette, bei der ein kompakteres SUV als das Model X, eine Art Pick-Up-Truck und ein günstigeres Modell als das Model 3 geplant sind. Als dritter Punkt der Fokus auf Digitalisierung und das autonome Fahren und als vierter Punkt die Möglichkeit, ein umfangreiches Tesla-Carsharing-Konzept durch Privatpersonen möglich zu machen. (Musk 2016) Für die Konzentration auf das und das Vorantreiben des autonomen Fahrens werden schon seit 2016 bei jeder Fahrt Mobilitätsdaten gesammelt, wodurch Teslas Autopilot heute schon problemlos in anspruchsvollem Verkehr navigieren könnte, auch wenn viele Funktionen noch nicht genehmigt sind und es noch einige Zeit dauern wird, bis die rechtlichen Rahmenbedingungen geschaffen wurden. (Vgl. Hettich 2020a) Aber auch hier leistet Tesla wiederum Pionierarbeit, um sich einen Vorsprung gegenüber etwaiger Konkurrenz durch Google oder Apple zu sichern. Des Weiteren ist geplant die Produktionskapazitäten, sowohl für Autos als auch für Batterien, weiter zu erhöhen. In den zwei neuen Gigafactories in Shanghai und in der Nähe von Berlin soll es möglich sein, mehr als 2,5 Millionen Autos pro Jahr herzustellen. (Vgl. Clausen und Olteanu 2020, 30) Auch die Überlegung, die bis jetzt Tesla-exklusiven Supercharger für Elektrofahrzeuge anderer Hersteller freizugeben und darüber zusätzliche Einnahmen zu erzielen, ist in einem fortgeschrittenen Status, wie man an einem ersten Pilotprojekt in den Niederlanden aus dem Herbst 2021 erkennen kann. (Vgl. Killy 2021) Zusammenfassend ist zur Strategie Teslas zu sagen, dass sich auf die strategischen Engpassfaktoren konzentriert wird, indem sowohl die Hard- als auch Software größtenteils selbst hergestellt werden. Das Tesla-Konzept vereint die Wertversprechen Mobilität, Energie und Unterhaltung auf sich, verschiebt die Grenzen des klassischen Automobilmarkts, zeigt eine Kompromisslosigkeit der Strategie auf und ist überdies adaptiv im Geschäftsmodell. (Vgl. Hettich 2020a)

4 Fazit

Das Elektroauto war Anfang der 2000er-Jahre eigentlich tot. Die durch die etablierten Automobilhersteller geschaffenen Markteintrittsbarrieren, wie Skalierung, Erfahrungswerte und finanzielle Ressourcen waren riesig und der Mut, eine innovative, neue Technik auf dem Markt zu etablieren, nicht gegeben. Wenn man die großen Teilmärkte in den USA, Europa oder auch China betrachtet hat, gab es nicht einmal wirklich ein Bedürfnis nach Elektromobilität. Dennoch versuchte das reine Elektroauto-Start-up Tesla in den Markt einzusteigen. Die eingangs gestellte Forschungsfrage: „Was waren Teslas Strategien zum Markteintritt und zur Marktdurchdringung als Start-up und reiner Elektroautohersteller im Automobilmarkt?" kann folgendermaßen beantwortet werden: Tesla setzte zum Markteintritt auf das Hochpreissegment für Elektroautos, um dadurch eine finanzielle Unternehmensgrundlage zu schaffen und danach in die Massenproduktion für günstigere Autos umzuschwenken zu können, um hier die Kostenführerschaft im Elektromobilitätsmarkt zu übernehmen. Die Strategie des Outpacing war von Erfolg gekrönt, auch im Zusammenspiel mit Teslas disruptiven Innovationen und dem Ändern der Regeln des Wettbewerbs, indem die Automobilherstellung sehr stark mit der Digitalisierung verknüpft wurde. Man darf aber neben der erfolgreichen Strategieumsetzung auch nicht die beinahe idealen Rahmenbedingungen vergessen, ohne welche die gewagte Strategie vermutlich nicht aufgegangen wäre. Tesla hat es geschafft, sich bestimmte Kernkompetenzen zu erarbeiten und auch zu behalten, wie die Fokussierung auf Elektroautos, die perfekte Abstimmung zwischen Hard- und Software, fortschrittliche Batterietechnologie und das innovative Zusammenspiel zwischen erneuerbarer Energieerzeugung und -speicherung. Das Unternehmen bietet eine Gesamtmobilitätslösung bzw. ein Gesamtmobilitätsversprechen an. Wenn sie dieses auch in den kommenden Jahren halten können, es schaffen, die Produktpalette auch im noch günstigeren Massenmarkt zu erweitern und weiter Fortschritte beim autonomen Fahren machen, ist es gut möglich, dass sich Teslas Erfolgsgeschichte noch jahrelang fortsetzt. Sollte Tesla allerdings Vertrauen verlieren oder seine ambitionierten Ideen langfristig nicht umsetzen können, ist Tesla trotzdem nur ein Automobilkonzern, der insolvent gehen kann, auch wenn Elon Musks Zitat aus dem Jahr 2016 aktuell noch stimmt: *„As of 2016, the number of American car companies that haven't gone bankrupt is a grand total of two: Ford and Tesla."* (Musk 2016)

Literaturverzeichnis

Literaturquellen

Clausen, Jens/Olteanu, Yasmin (2020). Tesla als Start-up in der Automobilbranche. Vom Pleitekandidat zum Gamechanger. Working Paper Forschungsförderung No. 199. Düsseldorf.

Dudenhöffer, Kathrin (2015). Akzeptanz von Elektroautos in Deutschland und China. Eine Untersuchung von Nutzungsintentionen im Anfangsstadium der Innovationsdiffusion. Zugl.: Duisburg, Essen, Univ., Diss., 2014. Wiesbaden, Springer Gabler.

Hettich, Erwin (2020a). Tesla - Pionier, Visionär und Revolutionär. trend.at. Online verfügbar unter https://www.trend.at/standpunkte/tesla-pionier-visionaer-revolutionaer-11388408 (abgerufen am 02.11.2021).

Hettich, Erwin/Müller-Stewens, Günter (2017). Tesla Motors' business model configuration. In: Bob de Wit (Hg.). Strategy. An international perspective. Andover, Cengage Learning, 759–774.

Jakowez, Olga/Sawentschuk, Tetjana (2018). Wie Ideen von Elon Musk die Welt veraendern. Vinnytsia.

Lienkamp, Markus (2016). Status Elektromobilität 2016 oder wie Tesla nicht gewinnen wird.

SPD/Bündnis90/Die Grünen/FDP (2021). Mehr Fortschritt wagen - Koalitionsvertrag. Online verfügbar unter https://www.spd.de/fileadmin/Dokumente/Koalitionsvertrag/Koalitionsvertrag_2021-2025.pdf (abgerufen am 27.11.2021).

Strathmann, Timo (2019). Disruptive Innovationen in der Automobilindustrie. In: Timo Strathmann (Hg.). Elektromobilität als disruptive Innovation: Herausforderungen und Implikationen für etablierte Automobilhersteller. Wiesbaden, Springer Fachmedien Wiesbaden, 21–30.

Unseld, Robert (2021). Schneller, weiter, nachhaltiger. ATZelektronik 16 (7-8), 3.

Internetquellen

Hettich, Erwin (2020b). Tesla: Wenn Visionen über den Profit triumphieren. Online verfügbar unter https://edison.media/e-hub/tesla-wenn-visionen-ueber-den-profit-triumphieren/25203300/ (abgerufen am 04.11.2021).

Killy, Daniel (2021). Pilotprojekt: Tesla öffnet Supercharger-Ladestationen für andere E-Autos. Online verfügbar unter https://www.rnd.de/e-mobility/tesla-oeffnet-supercharger-ladestationen-fuer-andere-e-autos-NXMNU456LZCA7FWLUZIIUHMS5A.html (abgerufen am 04.11.2021).

Musk, Elon (2006). The Secret Tesla Motors Master Plan (just between you and me). Online verfügbar unter https://www.tesla.com/blog/secret-tesla-motors-master-plan-just-between-you-and-me (abgerufen am 06.11.2021).

Musk, Elon (2016). Master Plan, Part Deux. Online verfügbar unter https://www.tesla.com/de_DE/blog/master-plan-part-deux (abgerufen am 27.11.2021).

Statista (2021a). Absatz von Personenkraftwagen und Nutzfahrzeugen in China von 2008 bis 2021. Online verfügbar unter https://de.statista.com/statistik/daten/studie/215337/umfrage/autoabsatz-in-china/ (abgerufen am 25.11.2021).

Statista (2021b). Anzahl der Neuzulassungen von Personenkraftwagen in der Europäischen Union von 1990 bis 2020. Online verfügbar unter https://de.statista.com/statistik/daten/studie/1197724/umfrage/pkw-neuzulassungen-in-der-eu/ (abgerufen am 25.11.2021).

Statista (2021c). Anzahl verkaufter Personenkraftwagen in den USA von 2005 bis 2020. Online verfügbar unter https://de.statista.com/statistik/daten/studie/247682/umfrage/pkw-absatz-in-den-usa/ (abgerufen am 25.11.2021).

Statista (2021d). Elektromobilität weltweit - Fokus Pkw - Dossier. Online verfügbar unter https://de.statista.com/statistik/studie/id/101153/dokument/elektromobilitaet-weltweit-fokus-pkw/ (abgerufen am 06.11.2021).

Statista (2021e). Tesla - Dossier. Online verfügbar unter https://de.statista.com/statistik/studie/id/27303/dokument/tesla-motors-statista-dossier/ (abgerufen am 06.11.2021).

Statista (2021f). Weltweite Automobilindustrie - Dossier. Online verfügbar unter https://de.statista.com/statistik/studie/id/31199/dokument/weltweite-automobilindustrie-statista-dossier/ (abgerufen am 23.11.21).

Wolfenstein, Konrad (2020). SolarCIty - Statistiken und Fakten. Online verfügbar unter https://xpert.digital/solarcity/ (abgerufen am 27.11.2021).